不葷人士的
風味下酒菜

蔬食主義也能喝得盡興！
四季蔬菜×時令蔬菜×大豆製品下酒料理

尾崎史江　著
涂紋凰　譯

序言

春天山菜的微苦與澀味，初夏蠶豆與豌豆的柔和鮮甜，吸收盛夏陽光的茄子、苦瓜、萬願寺甜辣椒的濃郁滋味，秋收的堅果與菇類獨特的風味，冬季散發泥土香氣的根莖類蔬菜。

在製作素食料理的過程中，常會重新體會到食材本身的味道與香氣。

平日或許會習慣以「加法」來豐富料理，而素食料理只能使用植物性食材，調味注重的是發揮食材本身的風味，選擇適合的烹調方式。

時令的蔬菜，即使不多加修飾，也能具有下酒菜的強烈滋味。

本書介紹如何借助這些當季蔬菜與滋味醇厚的乾貨，製作出簡單、對身體友善且令人滿足的小菜。

所謂的「般若湯」指的是「酒」，這是流傳於修行僧侶之間的隱語。

據說是高野山僧侶為了在寒冬暖身而飲用的酒類。

他們或許也曾以當季蔬菜與乾貨當作佐酒小菜，享受著四季的變化。

無論是當作晚上小酌的下酒菜、搭配白飯的配菜，或是充饑的小點心都很適合。

希望您能在各種情境中，品味到素食小菜的魅力。

尾崎史江

本書使用的調味料

素食小菜「決定味道」的三大調味料

不使用動物性食材的素食料理，能使用的食材和調味料有限，其中必備的三大調味料會是「決定味道的關鍵」。這些調味料能夠讓味道更明確，即使量少也能帶來有深度的風味。

調味料基本上準備容易取得、自己喜愛的即可，這裡介紹我自己常用的種類。

每項商品都可以在天然有機食品店或者網路商店購買。

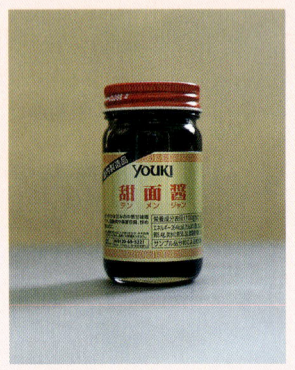

① 白味噌

白味噌能為料理增添濃厚的鮮味與自然的甜味，帶有類似雞蛋的風味，是製作豆腐美乃滋（P45）及焗烤料理白醬（P47）不可或缺的食材。由於具有適當的黏稠度，在製作涼拌菜時也非常方便。白味噌不會影響食材本身的顏色，這一點特別令人喜愛。照片中的「石野特釀白味噌」風味濃郁，是我的最愛。雖然根據熟成時間的不同，味道可能略有差異，但可以根據個人喜好選擇喜歡的品牌。

② 甜麵醬

甜麵醬像中式的甜味噌。可以代替田樂味噌，少量也能提味，結合芝麻油之後就能打造正宗的中式小菜。在本書中，甜麵醬被用於製作蘿蔔冬粉春捲（P18）、滷肉飯風味車麩（P62）等，也是素肉味噌（P80）的核心調味料。我個人偏愛容易在超市購得的YOUKI食品「甜麵醬」。

③ 日本黑醋（玄米黑醋）

日本黑醋的特徵在於其獨特的鮮味與層次感、微甜的口感與豐富的香氣。與米醋的清爽不同，日本黑醋能讓料理的味道更有深度，甚至達到「可飲用」的境界。它是素食料理中不可或缺的調味亮點，可用於製作麵糊或水餃沾醬（P70）。日本黑醋與麻油的組合也非常出色，這點在苦瓜拌豆渣醬（P74）應該就能徹底感受到。我自己常備飯尾釀造的「富士玄米黑醋」。

4

其他調味料

芝麻油、太白胡麻油、橄欖油、米油（由左至右）

需要香氣與濃郁風味時，使用芝麻油；需要襯托食材本身的香味與風味的涼拌菜則使用無味無香的太白胡麻油；西式小菜選用橄欖油；炒菜或油炸料理則推薦使用米油。

日本酒、米醋、味醂、濃口醬油、淡口醬油（由左至右）

日本酒與味醂會選擇可以直接飲用、風味佳的產品。醋則偏愛酸味柔和的村山造醋「千鳥醋」。醬油通常使用濃口醬油，但若像燙青菜這樣需要呈現食材的天然色澤，則改用顏色較淡的淡口醬油。

味噌、蔗糖、食鹽（由左至右）

味噌選擇活性酵母與乳酸菌較強的生味噌。照片中為「日本國產十割麴味噌」。砂糖使用口感較為柔和的蔗糖。食鹽則建議選用富含礦物質的天然鹽，而非顆粒細緻的精製鹽。圖中為法國「葛宏德鹽（Guérande Salt）」的細顆粒版本，帶有海水的複雜鮮味。

目錄

序言 …… 2

本書使用的調味料 …… 4

素食料理的理念／高湯的製作方法／本書的基礎規則 …… 8

第1章 容易取得的日常蔬菜料理

- 香醋味噌花生醬涼拌花椰菜 …… 10
- 梅子醬拌炒紅蘿蔔 …… 11
- 胡麻拌牛蒡山芹菜 …… 12
- 黃芥末涼拌小黃瓜西洋芹 …… 12
- 韓式辣醬拌菠菜 …… 12
- 炸馬鈴薯佐柴漬塔塔醬 …… 14
- 韓式辣醬燉馬鈴薯 …… 15
- 南瓜豆漿美乃滋沙拉 …… 16
- 香料地瓜酥 …… 16
- 橄欖油燜蒸高麗菜 …… 17
- 白蘿蔔冬粉春捲 …… 18
- 醋漬白蘿蔔 …… 19
- 醋漬蕪菁 …… 19
- 奈良漬醋味噌拌酪梨蘆筍 …… 20
- 餛飩脆片佐白味噌酪梨醬 …… 21
- 可口番茄冷湯 …… 22
- 中式豆芽芝麻湯 …… 23
- 舞菇天婦羅佐黃瓜醋醬 …… 24
- 鮑魚風味杏鮑菇 …… 25
- 梅醬金針菇 …… 26
- 醬漬紫蘇葉 …… 26

第2章 春夏秋冬的時令蔬菜料理

春季小菜
- 蠶豆春捲 …… 28
- 梅子醬拌春季高麗菜 …… 28
- 油菜花普切塔 …… 30
- 土當歸紅蘿蔔金平 …… 31
- 楤芽天婦羅 …… 32
- 蜂斗菜莖芥末涼拌 …… 33
- 豌豆仁飯糰 …… 33

夏季小菜
- 埃及國王菜拌納豆 …… 34
- 香煎萬願寺甜辣椒 …… 34
- 玉米天婦羅 …… 36
- 味噌炒茄子 …… 37
- 油炸茄排 …… 38
- 韓式涼拌南瓜薄片 …… 38
- 辣炒苦瓜 …… 39
- 毛豆冷湯 …… 39

秋季小菜
- 酒煎銀杏 …… 40
- 芝麻醋拌柿子 …… 40
- 青海苔炸蓮藕 …… 40
- 龍田炸牛蒡 …… 42
- 芝麻醋蓮藕 …… 43
- 玄米蓮藕餅 …… 44
- 豆腐美乃滋拌蘋果西洋芹 …… 45

冬季小菜
── 白花椰菜泥沾醬｜焗烤百合根 46
白菜涼拌沙拉 46
山茼蒿蕪菁海苔沙拉 48
涼拌水芹 49
百合根天婦羅 50

column
醃漬菜 51
紅薑煎餅／紅薑 52
柴漬漬小黃瓜甘醋稻荷壽司捲／柴漬 54
酒粕漬海苔壽司捲／酒粕漬 56
福神漬飯糰／白蘿蔔福神漬 58

第3章 美味十足的乾貨與豆製品

麩
車麩龍田揚 60
滷肉飯風味車麩 62
小町麩拌山芹菜 63
胡麻小町麩拌山茼蒿 63

乾蘿蔔絲
爽脆乾蘿蔔絲醃菜 64
花椒乾蘿蔔絲拌小黃瓜 64

高野豆腐
甜鹹高野豆腐條 66
炒蝦仁風味高野豆腐 67

鹿尾菜
柚子胡椒炒鹿尾菜青椒 68
梅煮鹿尾菜 69

油豆腐、豆腐
油豆腐高菜餃子 70
榨菜白蘿蔔涼拌香菜豆腐醬 72
無花果拌豆腐醬 72
蘿蔔芽燻蘿蔔拌豆腐醬 72
苦瓜拌豆渣醬 74

豆渣
南瓜拌豆渣醬 75

植物肉
糖醋植物肉 76
韓式辣味炸植物肉 77

天貝
紅蘿蔔南蠻醬拌天貝 78
照燒山藥天貝 79

column
靠「常備菜」輕鬆準備美味佳餚

素肉味噌 80
素肉味噌春捲／素肉味噌炒飯 80
豆腐橄欖醬 82
蔬菜棒佐豆腐橄欖醬／豆腐橄欖醬三明治 82
落霜南蠻醬 84
落霜南蠻醬拌烤菇／落霜南蠻醬拌蕎麥麵 84

料理方式索引 86

〔素食料理的理念〕

素食料理原本是為修行僧設計的料理，其宗旨在於避免殺生與煩惱。

素食料理避免使用動物性食材，像是肉類、海鮮、乳製品、蛋類等，與蔬食主義者或素食者的理念相似，但全素食料理還有另一大特點，就是避免使用五辛，也就是「長蔥、洋蔥、大蒜、蕗蕎、韭菜」等蔬菜。

此外，素食料理的核心理念是認為動物、植物皆擁有生命，我們必須尊重這些生命，堅持不浪費任何食材，以佛教的理念為根基也是一大特徵。

〔高湯的製作方法〕

(a) 昆布高湯（水浸法）

將10g昆布與1L水放入容器中，靜置冰箱冷藏一晚。試味道如果太淡，可以將昆布與水倒入鍋中，以小火慢煮，避免煮沸，直到鮮味釋放後再將昆布撈出。昆布煮過高湯後，拿來製作佃煮料理也很美味。

＊冷藏可保存2至3天，也可放入密封袋冷凍保存。

a

(b) 乾香菇高湯（乾香菇泡發法）

將1大片乾香菇與1杯水放入容器中，靜置冰箱冷藏一晚。馬上要使用的時候，可以用微波的方式。將乾香菇與水放入耐熱容器，蓋上保鮮膜，放入微波爐加熱2分30秒，保鮮膜蓋著靜置10分鐘。

＊泡過的水可用來製作高湯，香菇則可用於料理。
＊冷藏可保存2至3天，也可放入密封袋冷凍保存。

b

〔本書的基礎規則〕

- 1 小匙＝5ml，1 大匙＝15ml，1 杯＝200ml。
- 材料的重量，基本上以去皮、去梗後的淨重為基準
- 若無特別標示，蔬菜均為清洗後去皮、去種籽或去梗之後按照食譜順序處理。
- 微波爐使用600W的機型，加熱時間僅供參考，使用機型及年份不同可能會有所差異，請按照狀況調整。
- 「鹽水汆燙」指的是使用含鹽量約1%的熱水汆燙（3杯水則加6g鹽），
- 鹽水汆燙可以讓蔬菜更入味並讓食材的外觀更鮮明。
- 豆腐瀝水：食譜中如有提到「稍微瀝去水分」表示將豆腐重量減少1成左右。（200g的豆腐，瀝水後剩下約180g。）

第1章
容易取得的日常蔬菜料理

選用全年隨時都能輕鬆取得的蔬菜及菇類。雖然每種食材都有盛產的季節，但本章選擇了一年四季都品質穩定又美味的食材。能一邊品酒一邊輕鬆製作的下酒菜獨具魅力。

花椰菜

香醋味噌花生醬涼拌花椰菜

濃郁且層次分明的花生醬製作成涼拌調味料,即使放一段時間,也不會出水導致味道改變,因此可以當作常備菜。

材料(2人份)
花椰菜　½大顆(150g)
▶ 涼拌調味醬汁
　無糖花生醬　1大匙
　白味噌　2小匙
　米醋　½大匙
　醬油　⅔小匙
　蔗糖　½小匙
　日式黃芥末醬　⅓小匙

1. 花椰菜切成小朵,莖切薄片,用鹽水汆燙,放涼備用。
2. 將涼拌調味醬汁的材料放入碗中,用打蛋器混合,加入1拌勻即可。

紅蘿蔔

突顯梅子的酸味，讓這道清爽的金平更適合「佐酒」。紅蘿蔔用削皮刀刨成薄片，就能更容易入味。無論搭配氣泡酒還是日本清酒都很適合。

梅子醬紅蘿蔔金平

材料（2人份）

紅蘿蔔　½根（80g）
麻油　1小匙
▸ 梅子調味醬（混合）
　梅乾（去籽並剁碎）　1小顆
　清酒　2小匙
　味醂　½大匙
　醬油、蔗糖　各⅓小匙

1. 紅蘿蔔用削皮刀刨成薄片。
2. 平底鍋用中火加熱麻油，放入 **1** 拌炒至變軟。加入梅子調味醬，邊炒邊讓湯汁收乾即可。

牛蒡、小黃瓜、菠菜

胡麻拌牛蒡山芹菜

材料（2人份）
牛蒡（如果有的話請選擇新鮮牛蒡）
　1小根（80g）
山芹菜　½把
A
│昆布高湯　120ml
│淡口醬油、味醂　各1大匙
白芝麻醬　1大匙
白芝麻粉　1大匙

1. 將A放入鍋中煮滾後，關火冷卻備用。
2. 帶皮牛蒡清洗乾淨，使用削皮刀刨成薄片，浸泡於醋水中2～3分鐘，再以鹽水汆燙約2分鐘，撈起瀝乾。山芹菜鹽水汆燙再浸泡於冷水後，輕輕擰乾並切成約3公分長。
3. 碗中放入白芝麻醬，分次加入1，用打蛋器充分混合均勻，製成調味醬。將2放入調味醬中浸泡，撒上芝麻後靜置約15分鐘。

黃芥末涼拌小黃瓜西洋芹

材料（2人份）
小黃瓜　1根
西洋芹　½根（40g）
▶涼拌調味醬汁
│橄欖油　1大匙
│米醋　½大匙
│顆粒黃芥末　½小匙

1. 小黃瓜切成圓薄片，西洋芹斜切薄片。如果有芹菜葉，切碎2～3片備用。將小黃瓜與西洋芹放入碗中，撒上¼小匙的鹽（不包含在材料份量中）拌勻，靜置2～3分鐘後，擰乾多餘水分。
2. 將涼拌調味醬汁的所有材料放入碗中，用打蛋器混合均勻，加入1拌勻即可。

韓式辣醬拌菠菜

材料（2人份）
菠菜　½把（100g）
薑　1小塊
海苔絲　2g
▶涼拌調味醬汁
│韓式辣醬　¾小匙
│芝麻油　1小匙
│醬油　少於1小匙
│蔗糖　½小匙
│白芝麻粉　½大匙

1. 菠菜用鹽水汆燙，撈起後放入冷水中冷卻，擰乾多餘水分，切成3公分長段。薑切成細絲備用。
2. 在碗中放入所有涼拌調味醬汁材料，用橡皮刮刀混合均勻，加入1與海苔絲拌勻即可。

如果可以的話,請使用當季的新鮮牛蒡,味道會更香,口感更柔軟。同時使用芝麻醬與芝麻粉,會讓味道更濃郁。

清爽的香味,搭配爽脆的口感,令人心曠神怡。適合搭配冰透的白酒。

加入海苔絲,味道會變得更濃郁,韓式辣醬的微辣口感,適合下酒,讓味道更鮮明。

韓式辣醬燉馬鈴薯

韓式辣醬不只有微辣的口感，還能帶來層次感。這是一道會讓人忍不住多喝啤酒的小菜。

材料（**2人份**）
中型馬鈴薯　2顆（去皮後淨重180g）
芝麻油　1小匙
A
　水　½杯
　料理酒　1大匙
　韓式辣醬　少於1小匙
　味噌　1小匙
　蔗糖　2小匙
　醬油　½大匙

1. 馬鈴薯去皮，切成約1.5公分小塊。
2. 在小鍋中倒入芝麻油，開中火加熱後加入 **1** 拌炒，待馬鈴薯均勻沾上油脂後加入 **A**，蓋上鍋蓋燉煮。待湯汁幾乎收乾後，使用木鍋鏟攪拌，讓多餘水分蒸發後關火。

炸馬鈴薯佐柴漬塔塔醬

材料（2人份）
小型馬鈴薯　5〜6顆（約40〜50g）
麵粉、麵包粉、炸油　各適量
▶ 柴漬塔塔醬
　嫩豆腐（稍微瀝乾水分）　50g
　白味噌　25g
　白芝麻醬　½大匙
　檸檬汁　½小匙
　柴漬（P54，市售品亦可）　20g

1. 製作柴漬塔塔醬。將柴漬醃菜切碎。柴漬以外的所有材料放入攪拌機，打至順滑後加入柴漬混合均勻，可用鹽（不包含在材料份量中）調味。
　＊雖然完成之後的滑順度不同，不過也可以用打蛋器手動攪拌。
2. 馬鈴薯連皮洗淨，放入蒸鍋中蒸約15分鐘，直到竹籤可以輕鬆穿透（或在表皮濕潤的時候用保鮮膜包起來，放入微波爐加熱3分鐘）。放涼後去皮，表面均勻薄撒上麵粉。
3. 將麵粉與水調成如鮮奶油的濃稠度。將 **2** 裹上麵粉漿，接著沾麵包粉。
4. 起鍋熱油至180℃，將 **3** 炸至金黃色，搭配 **1** 享用。
　＊柴漬塔塔醬也適合搭配其他油炸料理或者燙青菜。

小小的馬鈴薯，可以直接做成一口大小的油炸料理。現炸馬鈴薯暖呼呼的，搭配具有風味和口感的柴漬塔塔醬，一定要試試看。

地瓜

香料地瓜酥

材料（2人份）
小型地瓜　1條（100g）
炸油　適量
A
　蔗糖　1⅓大匙
　日本黑醋　½小匙
　醬油、水　各⅓小匙
喜歡的香料（如花椒粉、山椒粉等）
　各適量

1. 地瓜用切片器切成薄片後再切成細絲。
2. 在小平底鍋中放入 **1**，倒入足以蓋過地瓜的油，用中火加熱。當油冒出氣泡時，稍微將火力轉弱，炸10～15分鐘，直到地瓜酥脆，撈起瀝乾油分。
3. 在另一個平底鍋中加入 **A**，用中火加熱至砂糖融化並冒泡，然後放入 **2** 快速翻拌，使地瓜絲均勻裹上糖漿。最後撒上喜歡的香料即可。

南瓜

南瓜豆漿美乃滋沙拉

材料（2人份）
南瓜　150g
核桃　15g
豆漿美乃滋（參照以下配方）　適量

1. 將南瓜放入蒸鍋中蒸約10分鐘，直到竹籤可以輕鬆穿透（或用保鮮膜包好，放入微波爐加熱3～4分鐘），稍微放涼後切成2公分的塊狀。將核桃乾炒後切碎。
2. 將 **1** 放入碗中，加入適量豆漿美乃滋拌勻後盛盤，根據個人喜好撒少許卡宴辣椒粉（不包含在材料份量中）。

豆漿美乃滋（方便製作的量）
無糖豆漿½大匙、白味噌、白芝麻油及米醋各2小匙、蔗糖1小匙、鹽¼小匙、卡宴辣椒粉少許。將所有材料放入碗中，用打蛋器攪拌均勻即可。

炸得酥脆的地瓜絲，搭配甜鹹糖漿。撒上香料後更添風味，非常適合下酒。

不含乳製品的豆漿美乃滋，加入白味噌帶來溫和口感，也非常適合用於馬鈴薯沙拉。

高麗菜

橄欖油燜蒸高麗菜

材料（2人份）
高麗菜　3片（150g）
橄欖油　1大匙
鹽　稍多於一撮
紅辣椒（切小圈）　¼根
孜然籽　⅛小匙

1. 高麗菜切成細絲，放入平底鍋中。
2. 加入其餘材料稍微拌勻後蓋上鍋蓋，先用中火加熱至有蒸氣後，轉成小火燜煮約10分鐘。試試味道，必要時用額外的鹽調味。

＊可依個人喜好搭配烤法國麵包或加上法式芥末享用。

燜煮後的高麗菜充分釋放濃縮的鮮甜，再搭配孜然籽的香氣。雖然作法簡單，只要搭配烤得酥脆的法國麵包，就是佐紅酒的最佳拍檔。

白蘿蔔

酥脆的春捲皮、柔軟的白蘿蔔與冬粉內餡。甜麵醬的濃郁與甘甜是這道菜的關鍵。餡料直接當作配菜也很美味。

白蘿蔔冬粉春捲

材料（2人份）
白蘿蔔　150g
冬粉（乾燥）　20g
新鮮香菇　2～3朵
薑　1塊
豆瓣醬　⅛小匙
芝麻油　½大匙
A（混合）
　料理酒　1大匙
　醬油　1⅔大匙
　蔗糖・甜麵醬　1小匙
　水½杯
▶太白粉漿（混合）
　太白粉　2小匙
　水　1½大匙
春捲皮　4小張
青紫蘇葉　8片
炸油　適量

1. 將白蘿蔔切成細絲，香菇切薄片，薑剁成細末。冬粉泡熱水至軟化後，瀝乾備用。
2. 在平底鍋加入芝麻油與豆瓣醬，中火炒香後加入 **1** 拌炒。倒入混合好的 **A**，煮至沸騰後，倒入太白粉漿拌勻，使內餡收汁變濃稠。將餡料平鋪於盤中放涼備用。
3. 每張春捲皮上放2片青紫蘇葉，取適量 **2**（30～35g）置於中心，捲起後在收口處用等量水與麵粉（不包含在材料份量中）調成的麵粉漿封口。
4. 將炸油倒入鍋中，約3公分深，加熱至170°C，將 **3** 炸至金黃色酥脆後撈起。

a
每份內餡控制在30～35g。
餡料過多會造成春捲皮受潮變軟。

醋漬蕪菁

材料（2人份）
中型蕪菁　1顆（120g）
▸ 醋漬醬料
　米醋、水　各1½大匙
　砂糖　1⅔大匙
　鹽　⅓小匙
柚子皮　適量

1. 將醋漬醬料混合放入鍋中，稍微加熱使砂糖融化後，放涼備用。
2. 蕪菁用刨刀切成薄片，若有嫩莖可適量切碎。將蕪菁片放入碗中，加入1杯水與約1小匙鹽（不包含在材料份量中），用手揉搓後靜置約10分鐘，待出水後輕輕擠乾水分。
3. 將 2 放入 1，至少靜置10分鐘以上入味。

＊若放置一夜，會更入味。冷藏可保存約5～6天。吃的時候可以刨些許柚子皮點綴。

醋漬白蘿蔔

材料（2人份）
白蘿蔔　100g
▸ 醃漬醬料
　橄欖油　1大匙
　米醋、蒔蘿（切碎）　各1小匙
　蔗糖　1小撮
　法式芥末醬　½小匙

1. 將白蘿蔔用刨刀切成圓薄片，撒上兩小撮鹽（不包含在材料份量中），稍微搓揉後靜置2～3分鐘，待白蘿蔔出水後，輕輕擠乾水分。
2. 在碗中混合醃漬醬料，用打蛋器攪拌均勻，加入 1 拌勻。試吃後，若需要調整味道可加少許鹽（不包含在材料份量中）調味。

蕪菁的淡雅甜味融合柚子的清香，適合搭配日本清酒。蕪菁先用鹽水醃漬過，再浸泡於醋漬醬料中，味道會更溫和。

蕪菁

清爽脆嫩的白蘿蔔，搭配蒔蘿的優雅香氣。非常適合作為冷盤，搭配氣泡酒！

濃郁的酪梨非常適合醋味噌這種醬料。蘆筍的口感與奈良漬醃菜的風味很有層次感，非常適合作為日本酒的佐菜。

酪梨

奈良漬醋味噌拌酪梨蘆筍

材料（2人份）
酪梨　1顆
青蘆筍　2～3根
奈良漬（若沒有，可用醬瓜或酒糟黃瓜代替）　20g
▸ 醋味噌醬料
　白味噌　1大匙
　米醋　½大匙
　太白胡麻油　1小匙

1. 酪梨切成1.5公分的方塊。蘆筍用刨刀去掉根部硬皮後，用鹽水氽燙，撈起瀝乾放涼後切成2公分小段。奈良漬醃菜切成2公分長的細絲。
2. 在碗中混合醋味噌醬料，用刮刀攪拌，加入1拌勻。

白味噌的濃郁鮮味與天然的甜味，能和酪梨完美結合。大口搭配酥脆的餛飩脆片非常美味。

餛飩脆片佐白味噌酪梨醬

材料（2人份）
酪梨　1顆
A
　白味噌　1大匙
　橄欖油、檸檬汁　各1小匙
　孜然粉（或咖哩粉）　適量
　Tabasco辣醬　適量
　鹽　少許
餛飩皮　10片
炸油　適量

1. 在平底鍋中倒入2公分深的油，將油加熱至170°C，放入餛飩皮炸至酥脆、呈金黃色後撈起瀝油。
2. 將酪梨切成一口大小。
3. 在碗中加入2與調味料A，使用攪拌器將酪梨壓成泥並充分混合。試吃之後若需要可再加入少許鹽（不包含在材料份量中）調整口味。裝盤，搭配炸好的1。

可口番茄冷湯

材料（2人份）
完熟番茄　1顆（約150g）
青辣椒　2根
香菜　1根
橄欖油　1大匙
日本黑醋　½大匙
味噌　½小匙
Tabasco辣醬　少許

1. 番茄燙去外皮，切成約1.5公分的方塊。將青辣椒與香菜切成細末。
2. 在碗中混合 1，加入剩下的材料攪拌均勻。裝入器皿，若有剩餘香菜葉（不包含在材料份量中），可作為裝飾點綴。

只需要切一切拌在一起就好，日本黑醋是決定味道的關鍵。一定要使用甜味豐富的完熟番茄。

番茄

豆芽菜

中式豆芽芝麻湯

豆芽菜是這道健康湯品的主角。加入白味噌和白芝麻醬後，湯頭的濃郁度與甜味更加提升。不僅適合搭配紹興酒享用，也能當作最後一道收尾的料理。

材料（2人份）
豆芽　½包（100g）
鮮香菇（切薄片）　4朵
芝麻油　½大匙
豆瓣醬　⅙小匙
鹽、胡椒　各少許
昆布高湯　1½杯
料理酒　1大匙
A
　白味噌　20g
　白芝麻醬　1大匙
醬油　少於1大匙
日本黑醋　1小匙

1. 在鍋中加入芝麻油和豆瓣醬，以小火加熱至釋放香味，加入豆芽與香菇拌炒，撒上鹽與胡椒調味。
2. 倒入昆布高湯與料理酒，轉中火加熱至沸騰後，轉小火並加入A攪拌溶解，接著加入醬油與日本黑醋混合均勻。

舞菇天婦羅佐黃瓜醋醬

材料（2人份）
舞菇　1包（100g）
麵粉　3大匙
水　3½大匙
炸油　適量
鹽　適量
▶ 小黃瓜醋醬（方便製作的份量）
　小黃瓜　1根
　米醋　1大匙
　淡口醬油、砂糖　各1小匙
　白芝麻粉　½大匙
　鹽　¼小匙

1. 製作小黃瓜醋醬。小黃瓜縱向切半，用湯匙挖去籽後切小塊。與其他材料一同放入食物調理機中，攪打至小黃瓜呈泥狀備用。
2. 舞菇撕成適合入口的大小，撒上1小匙麵粉（不包含在材料份量中）均勻裹覆。
3. 在碗中混合麵粉與水，用攪拌器攪拌均勻。
4. 將炸油加熱至180°C，**2** 裹上適量的 **3** 麵衣後炸至酥脆。盛盤後撒上鹽，搭配 **1** 享用。

＊小黃瓜醋醬適合搭配炸雞等所有油炸料理。

酥脆的薄麵衣舞菇天婦羅，將鮮味提升到極致。搭配散發清爽小黃瓜香氣與涼爽色澤的小黃瓜醋醬，讓料理帶有回味無窮的清新餘韻。

杏鮑菇

鹹甜的醬汁搭配青海苔增添海洋香氣。
彈牙的口感宛如鮑魚！

鮑魚風味杏鮑菇

材料（2人份）
杏鮑菇　1包（100g）
醬油、味醂　各¾大匙
青海苔　適量
炸油　1小匙

1. 將杏鮑菇切半後，縱向切成3至4等份。
2. 平底鍋以中火熱油，將 **1** 煎至兩面金黃。倒入醬油與味醂，攪拌均勻讓杏鮑菇入味，收乾多餘水分。盛盤後撒上青海苔即可。

醬漬紫蘇葉

材料（**2**人份）
青紫蘇　10片
A
│ 醬油、味醂　各1小匙

1. 將紫蘇葉放入保鮮容器中，倒入調味料 A。用保鮮膜緊貼紫蘇葉表面，再蓋上蓋子，放入冰箱冷藏一晚。

＊冷藏可保存約1至2週。

梅醬金針菇

材料（**2**人份）
金針菇　1袋（100g）
梅乾（去籽後剁碎）　1顆（10g）
料理酒、味醂　各1大匙
醬油　1小匙

1. 金針菇切除根部後剝散，切成對半長度。
2. 將 **1** 與其他所有材料放入鍋中，蓋上鍋蓋以中火加熱。待出現蒸氣後，移除鍋蓋快速拌炒至熟透。

＊冷藏可保存約1至2週。

紫蘇

金針菇

使用保鮮膜直接貼合紫蘇葉再醃漬，可讓少量的調味料充分入味。

突顯梅子酸味的料理，可當作常備菜。也可以用海苔捲起來吃，是適合搭配白飯的小菜。

第2章 春夏秋冬的時令蔬菜料理

春天山菜微苦、夏天果菜鮮嫩多汁，秋冬時期則是根莖類風味最濃郁。時令食材帶有季節特有的生命力、香氣與美味，只需簡單調理，就能成為絕佳的下酒菜。本章介紹我會製作的時令小菜。

春季小菜

以淡綠色與柔和風味為主題的蠶豆春捲，加入山藥後更添綿密的口感，入口更滑順細緻。

春天柔嫩甘甜的高麗菜，搭配梅子的酸味。

同樣是春季時令的土當歸，其爽脆的口感與獨特風味令人著迷。從嫩芽到根部整株都可以使用，製作成甜鹹口味的金平料理，這道菜也非常適合當作便當配菜。

蠶豆春捲

土當歸紅蘿蔔金平　　　　　梅子醬拌春季高麗菜

蠶豆春捲

材料（3卷）
蠶豆（去莢）140g
山藥　50g
春捲皮　3張
炸油　適量

1. 山藥連皮徹底清洗後，放入蒸鍋蒸約10分鐘，直到竹籤可輕鬆插入（或用保鮮膜包好，微波加熱約2分30秒）。蒸熟後去皮。蠶豆用鹽水煮約3分鐘後，剝去薄膜。
2. 將**1**放入碗中，用叉子壓成粗糙泥狀，並用適量鹽（不包含在材料份量中）調味。
3. 將春捲皮攤平，把**2**的餡料平均分成三份包好，收口處用等量麵粉與水調成的麵粉漿（不包含在材料份量中）封住。
4. 鍋中倒入約3公分深的炸油，將油加熱至180°C，春捲炸至金黃酥脆即可。

梅子醬拌春季高麗菜

材料（2人份）
高麗菜　150g
▶ 調味醬
　梅乾（去籽搗碎）10g
　蔗糖　1小匙
　白芝麻油　⅔小匙

1. 高麗菜切成一口大小，用鹽水汆燙1～2分鐘後，瀝乾水分備用。
2. 將調味醬材料放入碗中拌勻，加入**1**攪拌均勻即可。

土當歸紅蘿蔔金平

材料（方便製作的份量）
土當歸　1根（150g）
紅蘿蔔　40g
A
　料理酒　1½大匙
　淡口醬油（或一般醬油）　1大匙
　蔗糖　2小匙
紅辣椒（切小片）　¼根
油　1小匙

1. 土當歸削去薄皮(a)，切成4公分長的條狀後，放入醋水中浸泡約5分鐘，瀝乾水分。紅蘿蔔同樣切成4公分長的條狀。
2. 在平底鍋中加入油與紅辣椒，中火加熱後放入**1**翻炒，等蔬菜略軟後，加入調味料**A**拌炒，直到醬汁收乾即可。

a
從土當歸的根部往頂端削去外皮，削下來的皮切絲後也可以製作成金平。

油菜花普切塔

材料（2人份）
油菜花　1把（200g）
橄欖油　1大匙
鹽　2小撮
法國麵包　適量

1. 油菜花對半切備用。
2. 在厚底雙耳鍋中放入 **1**，加入橄欖油與鹽拌勻後蓋上鍋蓋，以中火加熱。當蒸氣開始冒出時，轉小火蒸煮約20分鐘（期間翻動1～2次），直至油菜花煮軟為止。熄火後靜置10分鐘，依個人口味用鹽（不包含在材料份量中）調味。
3. 法國麵包切成約1.5公分厚片，烤至酥脆後，將 **2** 放在麵包上即可。

將微苦的油菜花用橄欖油蒸煮，簡單卻帶有深邃的風味，非常適合搭配氣泡酒或白酒。

a

油菜花經小火蒸煮至軟爛，就能把苦味轉化為甜味。

楤芽天婦羅

楤芽的微苦是早春的味道，只有這個季節能享用到。蘇打水製作的麵衣輕盈酥脆，很適合做油炸料理。

材料（2人份）
楤芽（在台灣，可用刺蔥代替）　2包（100g）
▶ 天婦羅麵衣
　麵粉　3大匙
　蘇打水　3½大匙
　鹽　1小撮
炸油　適量
鹽　少許

1. 楤芽去掉棕色的外層硬皮。
2. 將麵衣的材料倒入碗中，用打蛋器混合均勻。
3. 鍋中倒入適量炸油，加熱至180°C，將 1 裹上 2 放入鍋中炸至外皮金黃酥脆。依個人喜好撒上鹽即可享用。

芥末涼拌蜂斗菜莖

蜂斗菜莖　100g
▶ 醃漬醬料
　　橄欖油　1大匙
　　檸檬汁、法式芥末　各1小匙
　　鹽　¼小匙
　　蔗糖　2小撮

蜂斗菜莖充滿春季的清香，利用其細緻的色彩，做成適合搭配白酒的西式涼拌料理。薄切做成蔬食版義式卡爾帕喬也很美味。

1. 蜂斗菜莖切成適合汆燙的長度，撒上較多食鹽（不包含在材料份量中）搓揉以去除粗糙外皮(a)。放入滾水中煮3～4分鐘後取出，放入冷水冷卻，去除薄膜再切成約4公分長（較粗的部分可對半剖開）。
2. 將醃漬醬料放入碗中，用打蛋器拌勻，加入1拌勻即可。

a

加入較多的鹽搓揉，如此一來汆燙後顏色就會很漂亮。

豌豆仁飯糰

材料（適量）
豌豆仁　1包（淨重80g）
米　2杯
料理酒　1大匙
鹽　⅓小匙

1. 從豆莢剝出豌豆仁後，放入蓋過豆子的熱水中，加入適量鹽煮4分鐘。煮好後連鍋子一起放入冷水中急速冷卻，撈起瀝乾（保留煮豌豆仁的湯汁）。
2. 米洗淨後瀝乾15分鐘，放入厚底鍋中。
3. 混合 **1** 的豌豆仁湯汁和料理酒，補足水量至360ml，倒入2的厚底鍋中，加入鹽攪拌均勻，浸泡30分鐘。
4. 蓋上鍋蓋以大火煮沸後轉小火煮10分鐘。開蓋加入 **1** 的豌豆仁，再蓋回鍋蓋，轉大火加熱10秒後關火，燜蒸10分鐘後用飯勺輕輕拌勻，捏成飯糰。

memo
使用電鍋煮飯時，將洗淨瀝乾的米放入內鍋，加入氽燙豌豆仁的湯汁與料理酒，水面補足至2杯米的刻度線，加鹽拌勻，以正常模式煮熟即可。炊煮完成後再加入豌豆仁，燜蒸5分鐘。

這是春季恩賜的美味飯糰。使用豌豆仁煮湯炊飯，即使不加高湯也能呈現豐富的風味。捏成一口大小，既可當作下酒菜，也能當作正餐的收尾菜色。

埃及國王菜拌納豆

香煎萬願寺甜辣椒

玉米天婦羅

夏季小菜

盛夏時分，埃及國王菜與納豆的黏稠搭配，在容易沒有食慾的夏季也能胃口大開。生薑的清新與醋的酸味則是調味的點睛之筆。

煎熟的萬願寺甜辣椒雖然簡單，但帶有焦香的表面讓滋味更加出色。

天婦羅炸物使用甜美的當季玉米，無比奢華。選用新鮮玉米，甜味會更加醇厚。

34

埃及國王菜拌納豆

材料（2人份）
埃及國王菜　20g
納豆　1盒（50g）
生薑（切細絲）1小塊
茗荷（切細絲）½顆
A
　昆布高湯　2大匙
　淡口醬油、米醋　1小匙
　蔗糖　¼小匙

1. 埃及國王菜用鹽水快速汆燙，放入冷水冷卻後擠乾水分切碎。
2. 將納豆、生薑、1與調味料A放入碗中攪拌均勻。盛盤後放上茗荷即可。

香煎萬願寺甜辣椒

材料（2人份）
萬願寺甜辣椒（在台灣，可用糯米椒代替）　6～8根
油　1小匙
鹽　適量

1. 在平底鍋中加入油，開中小火加熱，將萬願寺甜辣椒並排於鍋中。慢火煎至兩面熟透且變軟。撒上適量鹽調味即可享用。

玉米天婦羅

材料（2人份）
玉米　1根
▶麵衣
　麵粉　3大匙
　蘇打水　3½大匙
　鹽　1小撮
炸油　適量
鹽　適量

1. 將玉米剝殼後，用菜刀將玉米粒削下。
2. 將麵衣材料放入碗中用打蛋器攪拌均勻，再加入1拌勻。
3. 將油加熱至180°C，將2用湯匙舀起一口的量，逐一放入油鍋中炸。等底部炸至金黃酥脆後翻面，兩面炸熟即可。撈起瀝油，撒上少許鹽。

炸物向來是素食的盛宴，即使只用一根茄子，也能成為餐桌的主角。外酥內滑的茄子口感令人驚豔，日本黑醋味噌醬是絕佳搭配，但也可以依照個人喜好選擇檸檬與鹽調味。

油炸茄排

材料（2人份）
長茄子　1根（或一般茄子2根）
鹽　1小撮
麵粉、麵包粉、炸油　各適量
鹽、檸檬　各適量
▶日本黑醋味噌醬（混合）
　白味噌　1大匙
　日本黑醋　½大匙
　日式黃芥末醬　少許

1. 茄子縱向對切，再切成長度約三等分的大塊。撒鹽靜置2〜3分鐘後，用廚房紙巾吸乾水分，薄薄地裹上一層麵粉。
2. 在碗中加入麵粉2大匙，倒入比麵粉稍多的水，用打蛋器攪拌至鮮奶油般的濃稠度。
3. 將炸油加熱至180°C，將 1 浸入 2 的麵糊中(a)，再均勻沾裹麵包粉，放入鍋中炸至外層金黃酥脆。
4. 將炸好的茄子盛盤，撒上鹽配檸檬和日本黑醋味噌醬一起享用。

a
將茄子浸入質地像奶油般的稀釋麵糊中，再裹上麵包粉。

味噌炒茄子

材料（2人份）
小型茄子　3根（或大型茄子2根）
生薑　1大塊
青紫蘇　3片
A（混合）
　料理酒　2大匙
　味醂　1大匙
　味噌　多於1大匙
芝麻油　½大匙
紅辣椒（切小圈）　¼根

1. 將茄子切成2.5～3公分的小塊，撒上少許鹽（不包含在材料份量中）靜置2～3分鐘後吸乾水分。生薑和青紫蘇切成粗末狀備用。
2. 在平底鍋中加入芝麻油與紅辣椒，中火加熱至釋放香氣。加入 **1** 拌炒。吸附油脂後倒入調味料 **A**，翻炒均勻後蓋上鍋蓋 (a)，轉為中小火燜煮6～7分鐘。
3. 開蓋後視需要收乾多餘水分。

＊冷藏可保存4～5天。

a
加入甜鹹口味的味噌，翻炒均勻之後燜熟。

生薑和青紫蘇帶來層次豐富的風味，宛如一款「可單吃的味噌醬」。不僅適合佐酒，也能搭配白飯，非常適合作為當季常備菜！

辣炒苦瓜

材料（2人份）
苦瓜　½條（100g）
鹽　1小撮
芝麻油　1小匙
豆瓣醬　⅙小匙
A
│　料理酒　1大匙
│　醬油　1大匙又½小匙
│　蔗糖　⅔小匙
白芝麻粉　適量

1. 苦瓜對半切開，去籽及白膜後切薄片。撒鹽揉搓靜置3～4分鐘。將苦瓜放入滾水中汆燙10秒後撈起，瀝乾水分。
2. 在平底鍋中加入芝麻油及豆瓣醬，中火加熱至釋放香氣。加入 1 拌炒，變軟後倒入調味料 A，繼續翻炒至湯汁收乾。
3. 盛盤後撒上白芝麻粉即可享用。

重口味的豆瓣醬與苦瓜的微苦是絕佳搭配，甜鹹的調味讓每一口都充滿層次感，是讓人忍不住細細品嘗的味道。

韓式涼拌南瓜薄片

材料（2人份）
南瓜　¼顆（120g）
鹽　2小撮
A
│　芝麻油　2小匙
│　米醋　1小匙
│　豆瓣醬　¼小匙
│　蔗糖　⅓小匙
│　白芝麻粉　1小匙

1. 將南瓜薄削外皮，切成適口大小的薄片。加鹽揉搓後靜置4～5分鐘，接著擠乾水分放入碗中。
2. 加入調味料 A 拌勻即可。

這道韓式涼拌菜保留了南瓜的爽脆口感，色澤鮮豔也是一大魅力，讓餐桌一下子就亮了起來。

食材非常單純。只需要鹽水汆燙毛豆，接下來只要放進果汁機就完成。色澤清新怡人，適合夏季宴客。

毛豆冷湯

材料（2人份）
鹽水煮毛豆（參照memo）
　　去殼後100g
水　120ml
太白胡麻油　1小匙

1. 將所有材料放入果汁機（或研磨機），攪打至滑順。試味道之後若需調整鹹度，可額外加鹽。放入冰箱冷藏後即可享用。

---

memo

鹽水煮毛豆

取一袋毛豆，撒入鹽2大匙，揉搓後靜置約5分鐘。用滾水煮4分鐘後撈起。
這種作法適合直接當作小菜或涼拌菜。

秋季小菜

銀杏是秋季的經典食材。
用酒煎的方式料理能增添風味，
口感更為鬆軟。

甜柿子搭配微辣的醬汁，
這個組合就是一道絕佳的小菜。
祕訣在於使用偏硬的爽脆柿子。

蓮藕裹上海苔粉調製的麵衣，
炸得酥脆更美味，
麵衣厚一點更好吃。
濃郁海洋香氣非常適合配酒。

酒煎銀杏

芝麻醋拌柿子

青海苔炸蓮藕

酒煎銀杏

材料（2人份）
帶殼銀杏　15顆
A
│　料理酒　2大匙
│　鹽　1小撮

1. 將銀杏敲裂取出果實，放入鹽水中煮約5分鐘，撈起後放入冷水，去除薄膜。
2. 鍋中加入銀杏和足量的水，再加入 A，開中火煮沸後轉爲中小火，持續加熱至水分收乾爲止。

芝麻醋拌柿子

材料（2人份）
小型柿子（偏硬）　1顆
▶ 調味醬
│　香油、米醋　各1小匙
│　淡口醬油（或普通醬油）　½小匙
│　蔗糖　2小撮
│　白芝麻粉　½大匙
│　韓國辣椒粉　⅙小匙
│　　（或少許一味辣椒粉）

1. 將柿子去皮去籽後，切成1公分寬的條狀。
2. 將調味醬材料放入碗中，用打蛋器攪拌均勻，再加入 **1** 拌勻即可。

青海苔炸蓮藕

材料（2人份）
蓮藕　100g
▶ 麵衣
│　麵粉　3大匙
│　鹽　¼小匙
│　青海苔粉　1小匙
│　氣泡水（或普通水）3½大匙
炸油　適量

1. 將蓮藕切成1公分厚的半月形或扇形。
2. 將麵衣材料放入碗中，用打蛋器攪拌均勻。
3. 將油加熱至180°C，蓮藕片沾上麵衣後放入油鍋炸，炸至酥脆金黃即可。

小芋頭稍微捏一下，有凹凸的形狀之後，煎起來更酥脆也更容易入味。Q彈的生麩，與醇厚的醋味噌是絕佳搭配。

醋味噌拌小芋頭生麩

材料（2人份）
中型小芋頭　2顆
太白粉　適量
生麩（在台灣，可用麵筋代替）
　1盒（120g）
炸油　1大匙
▶ 醋味噌醬
　│白味噌　2大匙
　│米醋　1大匙
　│蔗糖　2小匙
　│日式黃芥末醬　⅓小匙
柚子皮（刨絲）少許

1. 小芋頭帶皮洗淨，放入蒸鍋蒸約15分鐘，直到竹籤可輕易刺穿為止。放涼後去皮，切成一口大小，薄薄撒上太白粉，輕輕捏扁(a)。生麩切成1.5公分寬（b）。
2. 平底鍋用中火熱油，將 **1** 放入鍋中，煎至生麩呈現金黃，小芋頭表面稍微上色且酥脆。
3. 將醋味噌調味醬汁的材料放入碗中，用刮刀拌勻後加入 **2**，均勻沾附後裝盤，最後撒上柚子皮裝飾。

a

b

芋頭壓出凹凸形狀，
能夠煎得更酥脆。
生麩切成1.5公分寬，
可以保留有嚼勁的口感。

42

牛蒡龍田揚

材料（**2**人份）
牛蒡　120g
太白粉、炸油　各適量
A
┃ 醬油　2小匙
┃ 味醂　1小匙

1. 牛蒡帶皮洗淨，放入冒出蒸氣的蒸鍋中，蒸約15分鐘至竹籤可輕易穿透(a)。
2. 蒸好的牛蒡趁熱放在砧板上，用擀麵棍輕輕敲打，再切成適口的斜段，拌入 **A** 調味，靜置2～3分鐘。
3. 將炸油加熱至180°C，將 **2** 均勻裹上太白粉後放入油鍋，炸至表面酥脆即可。

a

蒸牛蒡時可先切短，方便放入蒸鍋。

這道料理能充分享受牛蒡帶來的土壤香氣，越嚼越香，適合搭配氣泡酒或紅酒。

玄米蓮藕餅

材料（2人份）
冷卻的玄米飯　60g
蓮藕　130g
鹽　少許
炸油　適量

1. 蓮藕分成兩份，一半磨成泥後用濾網稍微瀝乾水分（約60g），另一半切碎備用。
2. 將 1 與玄米飯、鹽混合，用手搓揉均勻後，整理成直徑約4公分的扁平圓形 (a)
3. 平底鍋中倒入稍多的油，開中小火加熱，將 2 放入，雙面煎至酥脆（每面煎約4分鐘即可）。

a ── 這份材料約可做6個圓形蓮藕餅。

芝麻醋蓮藕

材料（2人份）
蓮藕　100g
▶ 調味醬
　米醋、白芝麻粉　各½大匙
　蔗糖　1小匙
　醬油　½小匙

1. 蓮藕切薄片後，放入鹽水氽燙約2分鐘，瀝乾水分。
2. 將熱騰騰的蓮藕放入碗中，趁熱加入調味醬拌勻即可。

＊冷藏可保存4～5日。

加入芝麻讓醋的酸味更加柔和，這道簡單卻令人停不下筷子的料理，非常適合作為配菜或便當小菜。

蓮藕同時使用磨泥與細末，就能享受Q彈與脆口的雙重口感，酥脆的外皮更增添美味。

豆腐美乃滋拌蘋果西洋芹

豆腐美乃滋的溫潤口感，襯托蘋果的甜味與西洋芹的清香，最後灑上黑胡椒提味畫龍點睛。

材料（2人份）
小型蘋果　½顆
西洋芹　½根（40g）
▶ 豆腐美乃滋
　嫩豆腐（瀝去多餘水分）　50g
　橄欖油、白味噌　各1小匙
　法式芥末醬、檸檬汁（或米醋）　各½小匙
　鹽　少許
黑胡椒　少許

1. 蘋果去皮，切成容易入口的細條，西洋芹切斜片。
2. 將豆腐美乃滋的材料放入碗中，用打蛋器攪拌至滑順(a)加入 1 拌勻。
3. 盛盤後灑上黑胡椒即可。

a

豆腐美乃滋也可搭配柿子、草莓、地瓜或南瓜，非常美味。

白花椰菜泥沾醬

冬季小菜

百合根的焗烤料理是當季的美食，美味到令人驚嘆這居然是素食料理！？豆漿白醬使用白味噌，打造出起司般的濃醇，和柔軟的百合根是絕佳搭配。

蒸煮白花椰菜，和水煮的美味不同，能夠完全展現甜味，口感和風味也更佳。

焗烤百合根

白花椰菜泥沾醬

材料（2人份）
花椰菜　小型½顆（200g）
橄欖油　1大匙
鹽　適量

a

小火燜煮至軟爛，略帶些微焦香更添風味，所以不用太在意。

1. 將花椰菜分成小朵後切薄片，放入厚底鍋中，加入橄欖油與少許鹽拌勻，加蓋以中火加熱。待蒸氣出現後，轉小火燜煮約20分鐘，期間需數次翻拌，如果快要燒焦，就加入½大匙的水(a)。
2. 關火後靜置10分鐘，放入果汁機（或研磨機）打成泥狀，加入少許鹽調味，盛盤時可淋些橄欖油（不包含在材料份量中），搭配麵包或餅乾享用。

＊冷藏可保存3～4天。

焗烤百合根

材料（2人份）
百合根　1個（150g）
▶ 豆漿白醬
　無糖豆漿　1杯
　白味噌　1⅓大匙
　麵粉　1大匙
　太白胡麻油　½大匙
　鹽　少許
A（混合）
　麵包粉　2大匙
　橄欖油　½大匙

a

豆漿白醬中的白味噌帶來濃郁風味，大量淋在百合根上焗烤。

1. 百合根沖洗後一片片剝下，若有棕色的部分可用刀刮除。用鹽水煮約2分鐘，瀝乾備用。
2. 將豆漿白醬的所有材料放入小鍋中，用打蛋器攪拌均勻。以中火加熱約2分鐘，邊攪拌邊加熱至冒泡且濃稠。
3. 將1平鋪於耐熱容器中，均勻淋上2(a)。撒上A，放入預熱至230℃的烤箱中，焗烤15～20分鐘。

當季的白菜，買回來之後先醃一下，就能成為清口小菜。帶一點辣味能更鮮美，可以按照個人喜好撒上一味辣椒粉或七味辣椒粉。

白菜涼拌沙拉

材料（2人份）
淺漬白菜（參見memo）　半份
水菜　1株（30g）
紅蘿蔔　15g
油豆皮　¼片
A
　芝麻油　多於1小匙
　醬油　多於½小匙

1. 白菜淺漬粗略切塊，水菜切成約3公分長段，紅蘿蔔切細絲。油豆皮切細條，放入平底鍋以小火乾煎。
2. 將1放入碗中，加入A輕輕攪拌均勻。

---

memo

淺漬白菜（方便製作的份量）

白菜⅛顆（350g），葉片切成約3公分寬，菜心切薄片。放入大碗中，撒7g的鹽（相當於白菜重量的2%），靜置5分鐘，待水分析出後擠乾。放入塑膠袋中，加入鹽昆布絲6g攪拌均勻。雖然可以即食，但冷藏靜置一晚風味更佳。
＊冷藏可保存3～4天。

山茼蒿蕪菁海苔沙拉

材料（2人份）
山茼蒿　½把（80g）
小型彩蕪菁（或一般蕪菁，若無
　　可用蘿蔔代替）　½個
烤海苔（大片）　1片
醬油　½大匙
芝麻油　1小匙
七味粉　少量

1. 山茼蒿切成適口大小，莖部斜切，蕪菁切成方便入口的薄片。
2. 將 1 放入碗中，加入撕成小片的海苔。淋上醬油和芝麻油輕輕拌勻，盛入盤中，撒上少許七味粉即可。

海苔吸收醬油後，成為沙拉風味的亮點。使用紫色的彩蕪菁可讓成品色彩更繽紛。山茼蒿也可用水菜代替。

使用清香的當季水芹，只需稍微汆燙，保留水芹本身的香氣。調味盡量簡單，才能突顯水芹的原味。

涼拌水芹

材料（2人份）
水芹　1把（80g）
A
│ 醬油　½小匙
│ 芝麻油　½小匙
│ 白芝麻粉　1小匙

1. 水芹快速用鹽水汆燙後撈出，泡冷水冷卻並擠乾水分。切成約3公分長段。將水芹放入碗中，加入A攪拌均勻。

這個季節才吃得到的奢侈美味。百合根有點苦澀味，建議用鹽水汆燙。請務必趁熱享用現炸的口感。

百合根天婦羅

材料（2人份）
大型百合根　1個（150g）
麵粉　3大匙
水　2½大匙
炸油　適量
鹽　少許

1. 百合根洗淨後一瓣瓣剝下來，棕色部分用刀刮除。鹽水汆燙1分鐘，撈出瀝乾並放涼。
2. 將 **1** 放入碗中，撒上麵粉拌勻，分次加入少量水攪拌至百合根剛好能彼此黏住的狀態 (a)。
3. 在平底鍋中加入約3公分深的油，加熱至180°C。將 **2** 調整成直徑4公分的扁平圓形後放入油鍋 (b)，不攪動等到底面酥脆後翻面，炸至兩面金黃。盛盤撒上鹽即可。

a

水需少量分次加入，確保百合根能剛好黏合。

b

形狀調整好後放入鍋中，需靜置到定型再翻動。

column

醃漬菜

醃漬食品的脆爽口感、鹹味與熟成後的鮮味，不僅能當作調味料，還能為料理增添層次感。本篇將介紹簡便的醃漬法，不過選擇市售商品也可以。

紅薑煎餅

材料（2人份）
紅薑（參照下方作法或市售商品） 25g
馬鈴薯 40g
香菜 ½把（20g）
▶ 麵糊
　麵粉 2大匙
　太白粉 1大匙
　水 2½大匙
　醬油 ¼小匙
芝麻油 2小匙
▶ 沾醬（混合）
　醬油 ½大匙
　芝麻油 ¼小匙
　白芝麻粉 1小匙
　蔗糖、韓國辣椒粉 各少許

1. 馬鈴薯切絲，香菜切成2公分長段。
2. 將麵糊材料放入碗中，用打蛋器攪拌均勻。加入紅薑與 **1** 拌勻備用。
3. 將芝麻油倒入直徑約16公分的平底鍋中，以中火加熱，倒入麵糊後蓋上鍋蓋，轉中小火煎5分鐘至底部金黃。打開鍋蓋，將煎餅翻面，以中火再煎3分鐘至酥脆。切成容易入口的大小盛盤，搭配沾醬享用。

紅薑（方便製作的份量）

1. 在容器中混合米醋、蔗糖各3大匙和梅醋（市售品亦可）2大匙。
2. 生薑90g切絲後稍微用鹽水汆燙，瀝乾水分。加入 **1** 中醃漬至少15分鐘。

＊醃漬一晚風味更佳，冷藏可保存約1個月。

少量麵粉即可製作的韓式煎餅。
手工自製的紅薑顏色比較淡，
甚至會和馬鈴薯混在一起，
但是一入口就會感受到清香與辛辣感。

column

柴漬小黃瓜甘醋稻荷壽司

材料（4～5個）
柴漬（參考下述製作方式或選擇市售商品）40g
小黃瓜　1條
▶ 甘醋醬（混合）
　米醋、蔗糖　各1大匙
　醬油　½小匙
白芝麻粉　2小匙
青紫蘇葉　4～5片

燉煮油豆皮（方便製作的份量・10個）
油豆皮　5片
A
　水　1杯
　蔗糖　1½大匙
　醬油　1大匙
　鹽　1小撮

1. 製作燉煮油豆皮。油豆皮對半切開成袋狀，用熱水汆燙1～2分鐘去除油脂，放在濾網上用木杓壓乾水分備用。
2. 將A放入鍋中以中火加熱至沸騰，將1逐一放入，蓋上鍋蓋以中小火煮至煮汁快收乾時，關火冷卻備用(a)。
3. 切碎柴漬。小黃瓜切薄片，用一小撮鹽（不包含在材料份量中）揉搓靜置2～3分鐘，擠乾水分加入甘醋醬拌勻，再混入柴漬和白芝麻粉。
4. 將油豆皮袋口往內摺，放入青紫蘇葉，再填入3。

> **memo**
> 煮好的油豆皮冷藏可保存3～4天，分成小份冷凍保存可達2～3週。
> 加入其他料理，像是「醋漬蕪菁P19」、「梅煮鹿尾菜P69」、「苦瓜拌豆渣醬P74」就能變成美味小菜。

a
燉煮油豆皮時應交錯疊放，確保受熱均勻，並趕在湯汁收乾前關火。

柴漬（方便製作的份量）

1. 3條茄子對半縱切後再切成薄片，2顆茗荷、6片青紫蘇及1大塊薑切絲。放入大碗中，加入材料總重量3%的鹽搓揉，靜置10分鐘後擠乾水分。
2. 將1½顆切碎的梅乾與⅔大匙米醋混合均勻，加入1拌勻。
　＊做好之後馬上就能吃，冷藏可保存約1週。

清爽的柴漬茄子，
搭配甘醋小黃瓜，
全部包在甜鹹口味的豆皮裡面。
用手拿就能享用，
具有飽足感，
也很適合宴請客人。

column

使用各種蔬菜製作，顏色搭配也很可愛。爽脆的口感恰到好處，適合搭配日本酒。酒粕漬建議使用西洋芹等有香味的蔬菜製作。

酒粕漬海苔壽司捲

材料（細卷2條的份量）
溫熱白飯　160g
▸ 壽司醋
　米醋　½大匙
　蔗糖　¼大匙
　鹽　¼小匙
酒粕漬（參考下述製作方式或選擇
　市售商品）　30g
青紫蘇葉　1片
烤海苔（大片）　1片
白芝麻粉　1小匙

1. 酒粕漬與紫蘇葉切絲備用。
2. 在碗中加入白飯與壽司醋大致拌勻。
3. 烤海苔剪半，平鋪在壽司捲簾上，均勻鋪上一半的 **2**，灑一半的白芝麻粉與一半的 **1** 後輕輕捲起。另一份也用同樣的方式製作。

酒粕漬（方便製作的份量）

1. 準備小黃瓜、西洋芹、紅蘿蔔、紫蘿蔔等蔬菜約200g。小黃瓜與西洋芹切成3等分的長段，紅蘿蔔縱向切成4等分，紫蘿蔔縱向切成4～6等分。將蔬菜均勻撒上鹽4g（蔬菜重量的2%），靜置約10分鐘後，擦去多餘水分。
2. 在碗中放入味噌與酒粕各40g，用橡皮刮刀混合均勻。加入 **1** 拌勻後移入密封袋，封口放入冰箱冷藏一晚。

＊醃漬2天後會更加入味。保存期限為冷藏4～5天。

column

福神漬飯糰

切碎白蘿蔔福神漬（參考下述食譜），拌入200g的溫熱白飯中。手上沾一點鹽，捏成米袋的形狀。

即使不加入各種蔬菜，僅用白蘿蔔也能製作出美味的加工製成小巧的一口大小飯糰，就是高雅的下酒小菜。

白蘿蔔福神漬

材料（方便製作的份量）
白蘿蔔　200g
鹽　少於1小匙（白蘿蔔重量的2%）
青紫蘇（切碎）　3片
薑（切絲）　10g
紅辣椒（切圈）　¼根
鹽昆布　3g
白芝麻　1小匙

▶ 醃漬醬料
醬油　1⅓大匙
酒　½大匙
蔗糖、味醂、米醋　各1小匙

1. 將醃漬醬料放入小鍋，以中火加熱至微沸後關火備用。
2. 白蘿蔔切扇狀薄片，用鹽搓揉靜置5分鐘，汆燙後擠乾水分。
3. 將所有材料放入塑膠袋，冷藏醃漬2～3小時即可享用。

＊冷藏可保存約1週。

58

第3章
美味十足的乾貨與豆製品

濃縮食材營養成分的乾貨，能長時間保存。
豆腐等豆製品是優良的植物性蛋白質。
不只可以取代肉類和魚類，
更兼具健康與滋味，
是有益身體健康的下酒菜。

1 麩

烤麩是素食料理不可或缺的蛋白質來源。
車麩運用麩質的彈性，可製作成主菜級的下酒菜。
一口大小的小町麩適合製作拌菜或涼拌料理。

車麩龍田揚

材料（2人份）
乾燥車麩（若無，可用麵輪、麵筋代替）2片
▶ 燉煮醬料
　昆布高湯　1杯
　醬油　1大匙
　酒、味醂　各½大匙
太白粉、炸油　適量
山椒粉　少許

1. 車麩浸泡於約60°C的溫水中約15分鐘，待回軟後撕成3～4等分並擠乾水分。
2. 將燉煮醬料倒入鍋中，以中火煮沸後，加入 **1** 蓋上鍋蓋，煮至醬料收乾(a)。關火後讓車麩自然冷卻。
3. 油鍋加熱至180°C。將 **2** 擠乾水分，隨意撕成一口大小，用手將太白粉抓附在車麩表面。將車麩放入油鍋，炸至表面金黃酥脆即可盛盤(b)。最後撒上山椒粉增添風味。

a

在炸之前先燉煮車麩入味。

b

炸至金黃酥脆。

外脆內軟，一咬下去，湯汁就迸發出來！將車麩隨意撕成不規則的塊狀，輕捏裹上太白粉，這樣炸出來的口感更加豐富。

用車麩再現台灣夜市人氣滷肉飯。
車麩燉煮至油亮的色澤，
外觀看起來宛如五花肉！
搭配五香粉的濃郁甜鹹醬汁，
是絕佳的啤酒搭檔。

滷肉飯風味車麩

材料（2人份）
乾燥車麩（若無，可用麵輪、麵筋代替） 1片
太白粉 ¾大匙
乾香菇 1朵
薑（切絲） 1小塊
炸油 ½大匙
熱白飯 適量
▶ 燉煮醬料
　昆布高湯、泡發乾香菇的湯汁 各½杯
　醬油、酒、味醂 各1大匙
　蔗糖 ⅔小匙
　甜麵醬 ½小匙
五香粉（依喜好） 少許
芝麻油（提味用） ½小匙

1. 乾香菇泡軟後（參見P8），切成薄片。
2. 車麩以60°C左右的溫水浸泡15分鐘至回軟，擠乾水分後切成4等份，再將每片橫剖成片狀。
3. 平底鍋加入油以中火加熱，將 **2** 雙面均勻裹上太白粉，放入鍋中煎至表面酥脆。
4. 鍋中加入燉煮醬料，加熱至中火，放入 **1** 與薑絲、**3**，煮至醬汁變得濃稠，灑上五香粉並淋上芝麻油。
5. 將 **4** 盛放於熱白飯上即可享用。

胡麻小町麩涼拌山茼蒿

材料（2人份）
乾燥小町麩（在台灣，可用乾燥麵筋
　或切塊車麩代替）　10g
山茼蒿　½把（80g）
A
　水　3大匙
　醬油　1小匙
　味醂　½小匙
▶ 調味醬汁
　醬油　½小匙
　蔗糖　⅓小匙
　白芝麻粉　½大匙

1. 將 A 混合於小鍋中加熱，煮滾隨即關火。
2. 小町麩置於碗中，均勻淋上 1，靜置約5分鐘，用手輕輕壓實使其充分吸收味道。
3. 山茼蒿以鹽水汆燙，迅速過冷水，擠乾後切成2公分寬。將 2 與調味醬材料混合攪拌均勻。

小町麩拌山芹菜

材料（2人份）
乾燥小町麩（在台灣，可用乾燥麵筋
　或切塊車麩代替）　10g
山芹菜　1把（40g）
▶ 調味高湯
　昆布高湯　120ml
　淡口醬油、味醂　各1大匙
柚子皮（切絲）　少許

1. 小町麩用溫水浸泡約10分鐘，輕輕擠乾水分。山芹菜以鹽水汆燙後迅速過冷水，擠乾水分後切成3公分長。
2. 鍋中加入調味高湯食材，以中火煮滾後熄火，將小町麩與山芹菜浸泡於調味高湯中約10分鐘即可。

＊靜置半天風味更佳。冷藏約可保存3日。享用時可加上柚子皮提味。

這道菜的重點在於，小町麩需充分吸收調味醬汁，與山茼蒿清新的香氣搭配恰到好處。

回軟時間短的小町麩很適合做小菜。山芹菜與柚子的清爽香味，很適合搭配清酒。

2 乾蘿蔔絲

乾蘿蔔絲富含對女性健康有益的鐵質與促進腸道健康的膳食纖維。如果要配酒，可以應用乾蘿蔔絲獨特的口感，製作涼拌或醃漬料理。

爽脆乾蘿蔔絲醃菜

利用乾蘿蔔絲濃縮的鮮美風味，製作清爽又開胃的醃菜。無論搭配日本酒還是當作清口菜都非常適合。

材料（2人份）
乾蘿蔔絲（乾燥） 20g
昆布絲 1g
▶ 調味醬汁
　醬油　1½大匙
　米醋　2小匙
　水　3大匙
　蔗糖　1小匙
　辣椒（切圓片）　¼根

1. 在小鍋子中混合調味醬汁材料，用中火加熱煮沸後放涼。
2. 乾蘿蔔絲浸泡於水中約15分鐘回軟，撈起並擠乾水分。
3. 將 1、2 與昆布絲放入保鮮盒中，冷藏醃漬2小時以上。

*靜置半天可以更入味，冷藏可保存約4～5日。

花椒乾蘿蔔絲拌小黃瓜

乾蘿蔔絲的清脆，搭配小黃瓜的爽脆，帶來沙拉般的輕盈口感。加入花椒增添風味，瞬間成為下酒佳餚。

材料（2人份）
乾蘿蔔絲（乾燥） 20g
小黃瓜 1根
▶ 調味醬汁
　米醋　¾大匙
　醬油　½大匙
　蔗糖、芝麻油　各1小匙
　花椒　適量

1. 乾蘿蔔絲浸泡於水中約15分鐘回軟，撈起瀝乾後放入鍋中，用中火乾炒去除水分。
2. 小黃瓜對半切開，用湯匙挖去籽，斜切成薄片，撒上一小撮鹽（不包含在材料份量中），靜置3～4分鐘後擠乾水分。
3. 將 1、2 與調味醬汁材料混合拌勻。

*冷藏可保存約3～4日。

花椒乾蘿蔔絲拌小黃瓜　　爽脆乾蘿蔔絲醃菜

3 高野豆腐

滋味醇厚的高野豆腐。雖然外觀樸素，卻濃縮了黃豆的營養，與油脂搭配更是絕妙。

甜鹹高野豆腐條

材料（2人份）
乾燥高野豆腐（在台灣，可用乾燥豆腐或凍豆腐代替） 1塊
太白粉　適量
炸油　適量
▶甜鹹醬汁
　蔗糖　1大匙
　醬油　¾大匙
山椒粉、一味辣椒粉　各適量

1. 高野豆腐以60°C左右的溫水浸泡約15分鐘至回軟，擠乾水分縱向切成4等分。
2. 加熱油至180°C，將**1**裹上太白粉，放入鍋中炸至酥脆。
3. 在平底鍋中混合甜鹹醬汁的材料，用小火加熱至蔗糖融化。加入**2**翻拌均勻，盛盤後撒上山椒粉與一味辣椒粉即可。

a

香脆的高野豆腐裹上甜鹹醬汁。

炸得酥脆的高野豆腐只要裹上甜鹹醬汁，既有滿足感又無負擔。無論是當零嘴還是搭配山椒與辣椒粉做成下酒菜，都是不錯的選擇。

66

炒蝦仁風味高野豆腐

材料（2人份）
乾燥高野豆腐（在台灣，可用乾燥豆腐
　或凍豆腐代替）　1塊
茄子　1根
太白粉　2小匙
炸油　適量
A
　薑（切末）　1½塊
　乾香菇（按照P8步驟泡發後切末）　1小朵
　豆瓣醬　⅓小匙
芝麻油　1小匙
B（混合）
　番茄醬、乾香菇高湯　各2大匙
　酒　1大匙
　蔗糖、米醋、醬油　各1小匙
　鹽、胡椒　各適量

1. 高野豆腐以60°C左右的熱水浸泡15分鐘至回軟，擠乾水分後厚度剖半，再切成6等份，裹上太白粉。茄子對半剖開後斜切成4～5等分。
2. 加熱油至180°C，將1炸至酥脆，茄子炸至金黃色。
3. 平底鍋中加熱芝麻油，用中火炒香A，加入2再倒入B拌炒均勻。試味道後可依需要用鹽（不包含在材料份量中）調整鹹度。

豆瓣醬結合番茄醬，加上乾香菇的濃郁風味，即使沒有蝦仁，也能充分品味炒蝦仁的滋味。搭配啤酒或白飯都非常適合。

全素食料理不使用大蒜，但是柚子胡椒的獨特辛香更有風味。撒上白芝麻，拌義大利麵享用也很美味。

4 鹿尾菜

鹿尾菜富含鈣質與食物纖維。稍微炒過或涼拌，都能成為簡單的小菜。

柚子胡椒炒鹿尾菜青椒

材料（2人份）
乾燥鹿尾菜　10g
青椒　2個
鹽昆布　4g
柚子胡椒　1小匙
橄欖油　1小匙
白芝麻粉　½大匙
鹽、胡椒　各少許

1. 鹿尾菜用水浸泡10分鐘，撈起瀝乾。青椒橫切成細絲。
2. 在平底鍋中加熱橄欖油，用中火炒香 **1**。油脂分布均勻之後加入柚子胡椒，接著加入鹽昆布與白芝麻粉，最後以鹽與胡椒調味。

梅煮鹿尾菜

材料（**2人份**）
鹿尾菜（乾燥）10g
鮮香菇　2朵
薑（切絲）　1小塊
油　2/3小匙
A（混合）
　料理酒、味醂　各1大匙
　蔗糖、醬油　各2/3大匙
　梅乾（去籽剁碎）　1大顆

1. 鹿尾菜用水浸泡10分鐘，撈起瀝乾。鮮香菇對半切開後切成薄片。
2. 在鍋中加熱油，用中火炒 **1** 與薑絲。油脂均勻分布後，加入 **A** 拌炒，煮至湯汁收乾即可。

梅乾的酸香與香菇的鮮味，消除了鹿尾菜的腥味。推薦用青紫蘇或海苔包起來吃。

5 油豆腐、豆腐

油豆腐和豆腐都是素食料理不可或缺的食材。利用油豆腐的濃醇，可以製作出充滿份量感的小菜。豆腐可以做成下酒的涼拌菜。

油豆腐高菜餃子

材料（方便製作的份量／18～20顆）
▶ 餡料
　油豆腐（板豆腐製）　¼片（50g）
　蓮藕　80g
　鮮香菇　50g
　高菜漬（在台灣，可用雪裡紅等芥菜醃漬物代替）　25g
　青紫蘇　6片
　薑　1½塊
　醬油、芝麻油　各1小匙
　鹽　1小撮
　胡椒　少許
　太白粉　1½大匙
餃子皮　18～20片
芝麻油　½大匙＋½大匙

〔日本黑醋醬油〕
日本黑醋與醬油以1：1比例混合。

〔韓式醋味噌醬〕
日式味噌2小匙，韓式辣醬、芝麻油、醬油、米醋各1小匙，蔗糖⅔小匙，混合均勻。

1. 油豆腐用廚房紙巾吸乾水分。蓮藕50g、鮮香菇、高菜漬、青紫蘇及薑切末，剩餘蓮藕30g磨成泥。
2. 將**1**放入大碗，壓碎油豆腐後充分揉合。將餡料按等分包入餃子皮內，捏出摺邊(a)。
3. 在平底鍋以中火加熱芝麻油½大匙，將**2**排列鍋中，略煎至上色後加入熱水至餃子⅓高，加蓋煮約5分鐘至水分蒸發。
4. 開蓋後加入剩餘的芝麻油½大匙(b)，煎至餃子底部酥脆。

＊可依照喜好搭配日本黑醋醬油或韓式醋味噌醬享用。

a

切碎的高菜與蓮藕，增添餃子的口感與風味。

b

最後淋上芝麻油，提升餃子的香味。

油豆腐代替絞肉，鮮美又有飽足感。如果使用嫩豆腐，內餡會太過濕潤，請使用水分較少的板豆腐製油豆腐。煎得金黃香脆，再搭配兩種醬料。

榨菜白蘿蔔涼拌香菜豆腐醬

材料（2人份）
榨菜　20g
紫蘿蔔（或一般白蘿蔔）　30g
香菜　2株（15g）
▶ 調味醬料
　豆腐（輕輕擠乾水分）50g
　芝麻油　½大匙
　白芝麻粉　1小匙
　花椒　適量
　鹽　1小撮
　胡椒　少許

1. 榨菜切薄片，放入水中浸泡15分鐘去鹽分，擠乾後切粗末。白蘿蔔切薄片，用少許鹽（不包含在材料份量中）搓揉靜置2～3分鐘，再擠乾水分。香菜切2公分小段。
2. 將調味醬料材料放入碗中，用攪拌器混合至細滑，加入處理好的**1**拌勻即可。

無花果拌豆腐醬

材料（2人份）
無花果　4小顆（200g）
▶ 調味醬料
　嫩豆腐　50g
　白味噌　10g
　蔗糖、白芝麻醬　各⅓小匙
　檸檬汁　1小匙

1. 無花果去薄皮，切成方便入口的月牙形。
2. 將調味醬料材料放入碗中，用攪拌器混合至細滑，加入**1**拌勻即可。

蘿蔔芽燻蘿蔔拌豆腐醬

材料（2人份）
蘿蔔芽　1小盒（30g）
燻蘿蔔　30g
▶ 調味醬料
　豆腐（輕輕擠乾水分）50g
　芝麻油　½大匙
　鹽　1小撮
　胡椒　少許

1. 蘿蔔芽切除根部，對半切段。燻蘿蔔切細絲。
2. 在碗中混合調味醬料，攪拌至細滑，加入**1**拌勻即可。

榨菜的鹹味和花椒的香氣是關鍵。使用紫蘿蔔，顏色就會很亮眼。

濃醇的豆腐調味醬，和甜美的無花果很搭。顏色的漸層也很漂亮，適合用來宴客。

蘿蔔芽的微辣口感，燻蘿蔔的煙燻香味，呈現成熟的大人風味。

以芝麻油提味的微苦苦瓜，用濃醇的豆渣包覆。除了苦瓜之外，也可以用青椒等汆燙的蔬菜。

6 豆渣

我使用的是豆腐店的新鮮豆渣。因為無法久放，分成小份冷凍比較方便。

苦瓜拌豆渣醬

材料（2人份）
苦瓜　¼條（70g）
芝麻油　⅔小匙
鹽　適量
▶ 豆渣醬料
　豆渣（乾炒後，請參照P75）　1½大匙
　芝麻油、日本黑醋　各1小匙
　醬油　½小匙
　花椒　適量

1. 苦瓜對半縱切，去籽後切薄片，撒上一小撮鹽靜置5分鐘。將苦瓜汆燙，撈起瀝乾。
2. 在平底鍋加入芝麻油，中火拌炒1片刻，撒少許鹽調味。
3. 在碗裡混合豆渣醬料後，加入2拌勻即可。

這道料理使用巴薩米克醋和橄欖油，做成西式風格。辛香風味令人想要多喝一點酒。加入杏仁片可以增添層次感。

南瓜拌豆渣醬

材料（2人份）
南瓜　80g
橄欖油　1小匙
▶ 豆渣醬料
　豆渣（乾炒後，請參照memo）　1½大匙
　橄欖油、巴薩米克醋　各1小匙
　咖哩粉　少許
　鹽　適量
杏仁片（烘烤過　1大匙

1. 南瓜連皮切成5mm厚的片狀。以中火熱鍋加入橄欖油，將南瓜煎至雙面金黃。
2. 在碗中混合豆渣醬料後，加入 1 拌勻，盛盤後撒上杏仁片裝飾即可。

> **memo**
> ### 乾炒豆渣
> 將生豆渣放入平底鍋，以中小火慢慢翻炒，直到像照片這樣乾爽。待水分完全蒸發，可冷藏保存3～4天，適合撒在沙拉上，或者拌炒蔬菜、涼拌蔬菜等料理。
>
>

7 植物肉

高蛋白質、低脂、低熱量。
富含肉類沒有的膳食纖維，
能幫助改善腸道環境。

日本黑醋醬汁充滿光澤，無論外表還是味道都像經典的糖醋豬肉。蓮藕的爽脆口感，具有視覺與味覺雙重享受。

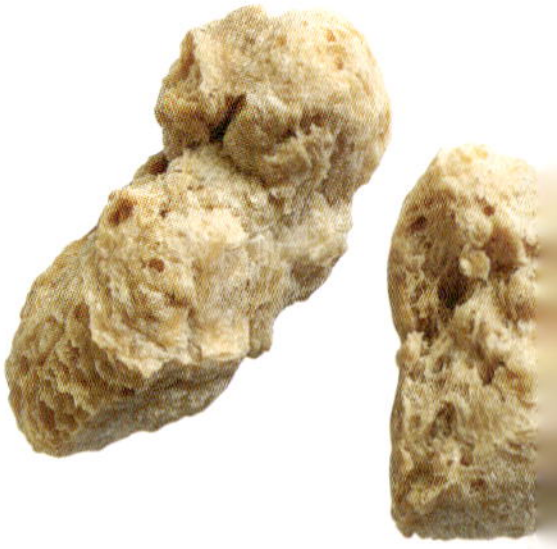

糖醋植物肉

材料（2人份）
植物肉（塊狀）　30g
A
　水　¾杯
　醬油　½大匙
　味醂　1小匙
　薑泥　1小片份
太白粉、炸油　適量
蓮藕　70g
▶ 日本黑醋醬汁
　日本黑醋　1½大匙
　蔗糖　1大匙
　醬油　2小匙
山椒粉　適量

1. 植物肉放入熱水中浸泡約15分鐘，吸水回軟後擠乾水分（參考P77）。
2. 將 A 放入鍋中，以中火加熱後加入 1，蓋上鍋蓋煮至湯汁收乾，冷卻後擠乾水分並均勻沾裹太白粉。
3. 將炸油加熱至180℃，將 2 炸至外皮酥脆。蓮藕切成一口大小，放入同一油鍋中炸至表面略微上色。
4. 在平底鍋中加入日本黑醋醬汁材料，以中火加熱，將 3 拌炒均勻至醬汁收乾(a)。盛盤後撒上山椒粉即可。

a
將日本黑醋醬汁均勻裹上食材，讓表面充滿光澤。

韓式辣味炸植物肉

材料（2人份）
植物肉（塊狀）　30g
A
　水　¾杯
　醬油　½大匙
　味醂　1小匙
　薑泥　1小塊份
太白粉・炸油　各適量
▶韓式醬汁
　韓式辣醬、番茄醬　各¾大匙
　醬油　⅔小匙
　料理酒　1大匙
　蔗糖　½小匙
白芝麻粉　1小匙

1. 植物肉泡在大量熱水中15分鐘，回軟後瀝乾水分(a)。
2. 在鍋中混合A，中火加熱，再加入1，蓋上鍋蓋煮至湯汁收乾，然後放涼並稍微瀝乾水分後，沾上太白粉。
3. 加熱炸油至180°C，將2炸至金黃酥脆。
4. 在平底鍋中將醬汁材料混合，轉中火加熱，加入3拌炒均勻，盛盤後撒上芝麻。

a

用手捏緊植物肉以擠乾水分。

植物肉經過炸後，外層酥脆，口感柔軟有嚼勁。甜辣的韓式醬汁，即使冷掉也依然美味。

加入粗紅蘿蔔泥的南蠻醬，具有絕妙的酸甜滋味。天貝有鮮明的黃豆風味，與醬料完美融合。花生的酥脆口感是畫龍點睛之筆。

紅蘿蔔南蠻醬拌天貝

材料（2人份）
天貝　1包（100g）
太白粉　適量
油　½大匙
▶ 紅蘿蔔南蠻醬
　紅蘿蔔（粗泥）　60g
　味噌與日本黑醋　各2小匙
　油與蔗糖　各1小匙
鹽　少許
義大利巴西里（切碎）　2～3根
花生（切碎）　1大匙

1. 將天貝對半切開，再切成5毫米寬的片狀，均勻裹上太白粉。在平底鍋中倒入油加熱，將天貝放入，煎至雙面酥脆。
2. 在碗中放入所有南蠻醬材料，用橡膠刮刀混合均勻，加入1的天貝拌勻。最後用鹽調味，盛盤撒上義大利巴西里與花生即可。

8
天貝

天貝是起源於印尼的黃豆發酵食品。是備受矚目且營養價值極高的超級食物。

照燒山藥天貝

黃豆結構緊密的天貝，與山藥搭配能增加鬆軟感，食用時更為順口。使用照燒醬調味，與檸檬沙瓦等清爽酒類很搭。

材料（2人份）
天貝　1包（100g）
山藥　60g
太白粉　適量
油　½大匙
▶ 照燒醬
　醬油、味醂　各1大匙
　蔗糖　1小匙
　一味辣椒粉　少許
山椒粉　少許

1. 將天貝對半切開，再切成1公分寬的條狀(a)。山藥配合天貝的大小切條狀。分別裹上一層太白粉。
2. 在平底鍋中倒入油加熱，將 1 放入，煎至雙面酥脆。倒入醬汁，用木鏟攪拌均勻。盛盤撒上山椒粉即可。

a

將天貝切成1公分寬×3～4公分長的條狀

靠「常備菜」輕鬆準備美味佳餚

只要冰箱裡備有保存期限長的「常備菜」，無論是下酒菜還是主食，都能輕鬆快速完成。聚會時也能迅速拿出招待客人。

將醇厚的油豆腐和香菇製作成類似絞肉的口感，再利用加熱後納豆的特殊鮮味，打造出有深度的滋味。關鍵在於不要過度攪拌，油豆腐需保留像絞肉的狀態。

素肉味噌

Arrange 1　素肉味噌春捲
濃郁的素肉味噌搭配紫蘇的清香，讓人忍不住想多喝幾杯啤酒。

Arrange 2　素肉味噌炒飯
使用口感鬆散的玄米，加入醃漬菜更添風味。推薦加入帶有煙燻香氣的燻蘿蔔。

80

素肉味噌

* 保存期限：冷藏約3～4天。
其他建議吃法：包入生菜中享用／當作炒烏龍麵的配料／放在飯上當作丼飯。

材料（方便製作的份量）
油豆腐（板豆腐製）　1塊（200g）
鮮香菇　3朵
納豆　1盒（50g）
薑（切末）　2小塊
芝麻油　½大匙
豆瓣醬　⅓小匙
A（混合）
　酒　2大匙
　味噌、甜麵醬　各1大匙
　醬油　2小匙

1. 油豆腐以廚房紙巾吸乾水分，切成一口大小。香菇切成四等分。將兩者一起放入食物處理機，打成粗絞肉狀（注意不要過度攪拌，以免變成糊狀）。
2. 在平底鍋中倒入芝麻油與豆瓣醬，中火加熱至散發香氣，加入薑末、**1**的材料及納豆炒香。再倒入**A**炒勻即可。

Arrange 1
素肉味噌春捲

材料（4條份量）
素肉味噌　140g
紫蘇葉　8片
小張春捲皮　4張
炸油　適量

1. 在春捲皮上放2片紫蘇葉，鋪上¼份量的素肉味噌，捲起春捲。收口處以等量麵粉和水調製的麵粉漿黏合。重複上述步驟完成其他春捲。
2. 在平底鍋倒入約3公分高的炸油，油溫加熱至180°C，將**1**炸至金黃色即可。

Arrange 2
素肉味噌炒飯

材料（2人份）
玄米飯（或白飯）　160g
素肉味噌　80g
喜歡的醃菜（如燻蘿蔔、高菜漬、
　醃蘿蔔等）　20g
醬油　½大匙
芝麻油　1小匙
香菜（切碎）　適量

1. 在平底鍋倒入芝麻油，中火加熱，放入玄米飯翻炒。飯粒裹上油後，加入素肉味噌與醃菜，淋上醬油炒勻即可。
2. 裝盤後，撒上香菜增添風味。

column

豆腐橄欖醬

將原本使用橄欖、鯷魚、大蒜製作的酸豆橄欖醬，改良成以豆腐為基底的素食版本。用白味噌和花生醬增添濃郁風味。

Arrange 1　蔬菜棒佐豆腐橄欖醬
簡單但多彩的蔬菜搭配豆腐橄欖醬，即可成為一道華麗的前菜，非常適合搭配開胃酒！

Arrange 2　豆腐橄欖醬三明治
在豆腐橄欖醬中加入酸爽的醃黃瓜與香味十足的蒔蘿，是搭配白葡萄酒的絕佳選擇。

豆腐橄欖醬

材料（方便製作的份量）
板豆腐（稍微瀝去水分）　100g
綠橄欖（無籽）　30g
白味噌　2小匙
花生醬（無糖）　1小匙
橄欖油　1小匙
鹽　適量

1. 將所有材料放入食物處理機（或攪拌機），攪拌至順滑即可。

* 冷藏可保存3〜4天。
其他建議吃法：塗抹在麵包或餅乾上／當作烤蔬菜或蒸蔬菜的沾醬。

Arrange 1
蔬菜棒佐豆腐橄欖醬

材料與作法（方便製作的份量）

1. 選擇喜愛的蔬菜（小黃瓜、櫻桃蘿蔔、紫蘿蔔、西洋芹、南瓜等），切成適合入口的大小，盛盤後搭配豆腐橄欖醬。

memo
醃漬蔬菜（方便製作的份量）
1. 將小黃瓜、甜椒、紅蘿蔔共200g切成適合入口的大小，撒上4g鹽（約為重量的2%）拌勻。靜置約10分鐘後，用紙巾擦乾水分，放入耐熱的保存容器中。
2. 在小鍋中加入米醋和白葡萄酒各4大匙、水6大匙、蔗糖⅔大匙、鹽1小匙、月桂葉1片、紅辣椒1根，煮至沸騰。將熱醃漬液倒入 **1** 的容器中，待稍微冷卻後放入冰箱冷藏，醃漬一晚。
* 冷藏可保存約3週。

Arrange 2
豆腐橄欖醬三明治

材料（2人份）
吐司　2片
豆腐橄欖醬　60g
醃漬蔬菜（可參考memo製作，也可使用市售商品）　30g
蒔蘿（切碎）　1小匙
顆粒芥末醬　適量

1. 將醃漬蔬菜瀝乾水分後切成粗末，與豆腐橄欖醬及蒔蘿混合。
2. 吐司其中一面抹上混合醬料，另一片吐司則抹上顆粒芥末醬，合起來後切成方便入口的大小即可。

column

落霜南蠻醬

以蘿蔔泥為基底的南蠻醬，既可用於涼拌，也可搭配冷豆腐，兩百克蘿蔔很快就會用光！經過加熱後更方便保存，微辣的口味也有助於延長保存時間。

Arrange 1　落霜南蠻醬拌烤菇
烘烤後的菇類水分減少，味道更加濃縮。搭配清爽的南蠻醬，並加入些許酸香的酢橘，香味更加豐富。

Arrange 2　落霜南蠻醬拌蕎麥麵
有如高湯般的鮮美滋味，令人忍不住想配上日本酒！除了搭配日本蕎麥麵，拌麵線或烏龍麵也非常美味。

落霜南蠻醬

材料（方便製作的份量）
白蘿蔔　200g
A
| 醬油　1¾大匙
| 清酒、味醂　各1大匙
| 米醋　½大匙
| 芝麻油　1小匙
| 紅辣椒（切小圈）¼條

1. 將白蘿蔔切成一口大小，放入食物處理機中，攪碎成粗泥狀。
2. 將1放入平底鍋，加入A，攪拌均勻後以中火加熱，煮至湯汁幾乎收乾為止。

*冷藏可保存5~6天。
其他建議吃法：涼拌豆腐／拌烤蔬菜／混入納豆代替醬油調味。

Arrange 1
落霜南蠻醬拌烤菇

材料（**2人份**）
喜愛的菇類（如舞菇、鮮香菇等）
　　總計120g
落霜南蠻醬　3~4大匙
油　1小匙
酢橘（切半月狀薄片，可用其他酸味
　　柑橘類水果代替）　2片

1. 舞菇、香菇切成適合入口的大小。在平底鍋中加熱油，以中火煎至金黃並熟透。
2. 將1放入碗中，加入落霜南蠻醬拌勻。盛盤後，以酢橘裝飾即可享用。

Arrange 2
落霜南蠻醬拌蕎麥麵

材料（**2人份**）
蕎麥麵（乾麵）　100g
落霜南蠻醬　7大匙
海苔絲、芥末泥　各適量

1. 將蕎麥麵按照包裝說明煮熟，撈出後以冷水沖洗，瀝乾備用。
2. 在碗中將蕎麥麵與落霜南蠻醬拌勻，盛入碗內，撒上海苔絲並附上芥末即可。

料理方式索引

拌物、醋拌

- 10 香醋味噌花生醬涼拌花椰菜
- 12 韓式辣醬拌菠菜
- 19 醋漬蕪菁
- 20 梅子醬拌春季高麗菜
- 28 奈良漬醋味噌拌酪梨蘆筍
- 34 黃麻葉拌納豆
- 38 韓式涼拌南瓜薄片
- 40 芝麻醋拌柿子
- 42 醋味噌拌小芋頭生麵筋
- 44 芝麻醋蓮藕
- 45 豆腐美乃滋拌蘋果西洋芹
- 50 涼拌水芹
- 54 柴漬小黃瓜甜醋稻荷壽司
- 63 胡麻小町麩拌山茼蒿
- 64 花椒乾蘿蔔絲拌小黃瓜
- 72 榨菜白蘿蔔涼拌香菜豆腐醬
- 72 無花果拌豆腐醬
- 74 蘿蔔芽燻蘿蔔拌豆腐醬
- 75 苦瓜拌豆渣醬
- 78 南瓜拌豆渣醬
- 84 紅蘿蔔南蠻醬拌天貝

涼拌

- 12 黃芥末涼拌小黃瓜西洋芹
- 63 小町麩拌山芹菜
- 70 落霜南蠻醬拌烤菇

醋漬、沙拉

- 12 黃芥末涼拌小黃瓜西洋芹
- 16 南瓜豆漿美乃滋沙拉
- 19 醋漬白蘿蔔
- 32 芥末涼拌蜂斗菜莖
- 48 白菜涼拌沙拉
- 49 山茼蒿蕪菁海苔沙拉

炒物、酒煎

- 11 梅子醬炒紅蘿蔔
- 25 鮑魚風味杏鮑菇
- 28 金平土當歸紅蘿蔔
- 37 味噌炒茄子
- 38 辣炒苦瓜
- 40 酒煎銀杏
- 67 炒蝦仁風味高野豆腐
- 68 柚子胡椒炒鹿尾菜青椒

香煎、燒烤

- 34 香煎萬願寺甜辣椒
- 44 焗烤蓮藕餅
- 46 玄米蓮藕餅
- 52 紅薑煎餅
- 70 油豆腐高菜餃子
- 79 照燒山藥天貝

86

快煮、蒸煮、水煮

- 14 韓式辣醬燉馬鈴薯
- 17 橄欖油燜蒸高麗菜
- 26 梅醬金針菇
- 30 油菜普切塔
- 39 毛豆冷湯
- 69 梅煮鹿尾菜

炸物

- 15 炸馬鈴薯佐柴漬塔塔醬
- 16 香料地瓜酥
- 18 白蘿蔔冬粉春捲
- 24 舞菇天婦羅佐黃瓜醋醬
- 28 蠶豆春捲
- 31 楤芽天婦羅
- 34 玉米天婦羅
- 36 油炸茄排
- 40 青海苔炸蓮藕
- 43 牛蒡龍田揚
- 51 百合根天婦羅
- 60 車麩龍田揚
- 66 甜鹹高野豆腐條
- 67 糖醋風味高野豆腐
- 76 炒蝦仁風味高野豆腐
- 77 韓式辣味炸植物肉
- 80 素肉味噌春捲

沾醬、醬料、料理調味

- 21 餛飩脆片佐白味噌酪梨醬
- 46 白花椰菜泥沙醬
- 80 素肉味噌
- 82 豆腐橄欖醬
- 82 蔬菜棒佐豆腐橄欖醬
- 84 落霜南蠻醬

醃漬物、速醃

- 26 醬漬紫蘇葉
- 48 白菜涼拌沙拉
- 52 紅薑
- 54 柴漬醃茄子
- 56 酒粕漬醃菜
- 58 白蘿蔔福神漬
- 64 爽脆乾蘿蔔絲醃菜
- 83 醋漬蔬菜

湯類

- 22 可口番茄冷湯
- 23 中式豆芽芝麻湯
- 39 毛豆冷湯

飯、麵、麵包

- 30 油菜普切塔
- 33 豌豆仁飯糰
- 56 酒粕漬海苔壽司捲
- 58 福神漬飯糰
- 62 滷肉飯風味車麩
- 80 素肉味噌炒飯
- 82 豆腐橄欖醬三明治
- 84 落霜南蠻醬拌蕎麥麵

87

高寶書版集團
gobooks.com.tw

CI 162
不葷人士的風味下酒菜
蔬食主義也能喝得盡興！四季蔬菜×時令蔬菜×大豆製品下酒料理
食堂いちじくの精進おつまみ

作　　者	尾崎史江
譯　　者	涂紋凰
責任編輯	陳柔含
封面設計	林政嘉
內頁排版	賴姵均
企　　劃	陳玟璇

發 行 人	朱凱蕾
出　　版	英屬維京群島商高寶國際有限公司台灣分公司 Global Group Holdings, Ltd.
地　　址	台北市內湖區洲子街88號3樓
網　　址	gobooks.com.tw
電　　話	(02) 27992788
電　　郵	readers@gobooks.com.tw（讀者服務部）
傳　　真	出版部(02) 27990909　行銷部 (02) 27993088
郵政劃撥	19394552
戶　　名	英屬維京群島商高寶國際有限公司台灣分公司
發　　行	英屬維京群島商高寶國際有限公司台灣分公司
法律顧問	永然聯合法律事務所
初版日期	2025年02月

SHOKUDO ICHIJIKU NO SHOJIN OTSUMAMI
by FUMIE OZAKI
Copyright © 2024 FUMIE OZAKI
Original Japanese edition published by SHUFU TO SEIKATSU SHA CO.,LTD.
All rights reserved
Chinese (in Traditional character only) translation copyright © 2025 by Global Group Holdings, Ltd.
Chinese (in Traditional character only) translation rights arranged with SHUFU TO SEIKATSU SHA CO.,LTD. through Bardon-Chinese Media Agency, Taipei

---

國家圖書館出版品預行編目(CIP)資料

不葷人士的風味下酒菜：蔬食主義也能喝得盡興！四季蔬菜x時令蔬菜x大豆製品下酒料理 / 尾崎史江著；涂紋凰譯.
-- 初版. -- 臺北市：英屬維京群島商高寶國際有限公司臺灣分公司, 2025.02
　　面；　公分. --

譯自：食堂いちじくの精進おつまみ

ISBN 978-626-402-177-7(平裝)

1.CST: 素食食譜　2.CST: 蔬菜食譜

427.31　　　　　　　　　　　　114000061

凡本著作任何圖片、文字及其他內容，
未經本公司同意授權者，
均不得擅自重製、仿製或以其他方法加以侵害，
如一經查獲，必定追究到底，絕不寬貸。
版權所有　翻印必究